BEI GRIN MACHT SICH IHR WISSEN BEZAHLT

- Wir veröffentlichen Ihre Hausarbeit, Bachelor- und Masterarbeit

- Ihr eigenes eBook und Buch - weltweit in allen wichtigen Shops

- Verdienen Sie an jedem Verkauf

Jetzt bei www.GRIN.com hochladen und kostenlos publizieren

Juliane Kühne

Der große Satz von Fermat

GRIN Verlag

Bibliografische Information der Deutschen Nationalbibliothek:

Die Deutsche Bibliothek verzeichnet diese Publikation in der Deutschen National-
bibliografie; detaillierte bibliografische Daten sind im Internet über http://dnb.d-
nb.de/ abrufbar.

Impressum:

Copyright © 2013 GRIN Verlag GmbH
Druck und Bindung: Books on Demand GmbH, Norderstedt Germany
ISBN: 978-3-656-54703-7

Dieses Buch bei GRIN:

http://www.grin.com/de/e-book/264984/der-grosse-satz-von-fermat

Der große Satz von Fermat

Ein Artikel von Juliane Kühne

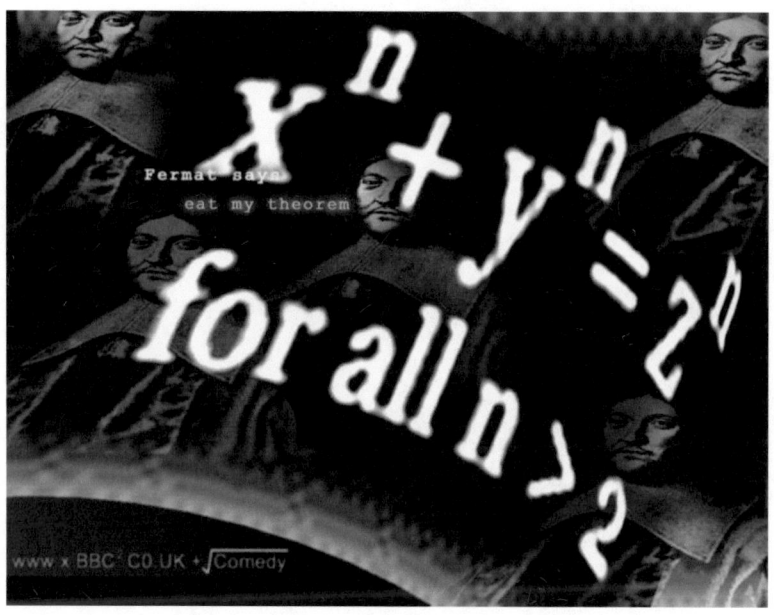

(1)

Datum: 25.01.2011

Inhaltsverzeichnis:

1. Einleitung

In meinem Blogartikel möchte ich über die aktuellen und neuesten Entwicklungen im Zusammenhang mit der Vermutung von Pierre de Fermat zur Erweiterung des Pythagoreischen Tripels berichten. In dieser Vermutung äußert Fermat, dass es keine ganzen Zahlen *a, b* und *c* gibt für die folgende Gleichung gilt:

$$a^n + b^n = c^n$$

Für die Gültigkeit der Gleichung muss gelten:

- $[\{a, b, c \in \mathbb{Z} ; \neq 0\}]$
- Exponent $n > 2$.

Erstaunlich ist diese Aussage mit Hinblick darauf, dass es für alle $n \leq 2$ unendlich viele Lösungen geben soll.

2. Ein kurzer Einblick in die Biographie von Pierre de Fermat

Die oben genannte Vermutung wurde von Pierre de Fermat um 1637 aufgestellt. Das Geburtsdatum des französischen Mathematikers und Juristen konnte nie ermittelt werden. Es wird vermutet, dass er Ende 1607 oder Anfang 1608 in Beaumont-de-Lomagne geboren wurde. Nach einer Pesterkrankung wurde er irrtümlicherweise bereits 1653 für tot erklärt. Er starb aber nach einer schweren Krankheit am 12. Januar 1665 in Castres.

Fermat beschäftigte sich zwar nicht ausschließlich mit Mathematik, erlangte aber trotzdem eine große Bedeutung als Mathematiker. Besonders durch seine Beiträge zur Zahlentheorie und Wahrscheinlichkeitsrechnung wie auch zur Differential- und Variationsrechnung. Er befasste sich in der Variationsrechnung mit Funktionalen und damit verbunden mit stationären Funktionen, wo das Funktional Maxima und Minima annimmt. Das daraus resultierende *Fermatsche Prinzip* (Licht legt den Weg immer in der kürzesten Zeit zurück) war die Grundlage zur Herleitung der bekannten Reflexions- und Brechungsgesetze.

Typisch für Fermat war in dieser Zeit, dass er seine Resultate meistens in der Form von Denksportaufgaben mitgeteilt hat, von Problemen ohne Angabe der

Lösung. Als einer der Ersten wandte Fermat die analytische Geometrie auf den dreidimensionalen Raum an.

Nach Fermat wurden die Fermatschen Zahlen benannt. Das sind Zahlen der Form:

$$F_n = 2^{2^n} + 1 \ . \tag{2}$$

1637 wurde von Fermat die Vermutung aufgestellt, dass alle Fermat-Zahlen Primzahlen sind, jedoch wurde diese Theorie 1732 von Euler widerlegt. Die berühmteste Behauptung von Pierre de Fermat war „Der große Satz von Fermat" oder auch „Fermats letzter Satz" genannt.

3. Der große Satz von Fermat

In seiner Freizeit widmete sich Fermat u.a. einem Werk von Diophant (auch Diophantos von Alexandria) aus dem dritten Jahrhundert. Das war die Arithmetica, die aus gesammelten Beiträgen bestand.

So kam es, dass Fermat um 1621 eine neu herausgegebene Arithmetica des Diophant eingehend studierte. Hierbei notierte er viele Beobachtungen an den Rand seines persönlichen Exemplars. Erstaunlich dabei ist, dass die meisten Notizen zwar nur skizzenhaft erfolgten, aber nach Fermats Tod, mit einer Ausnahme, alle bewiesen wurden.

Diese eine Ausnahme war der große Satz von Fermat. Er besagt, dass die *diophantische Gleichung*

$$a^n + b^n = c^n$$

für alle $a, b, c \in \mathbb{Z}$ mit n > 2 nicht erfüllt ist. Berühmt wurde der Satz auch deswegen, weil Fermat behauptete, dass er einen *„wahrhaft wunderbaren"* Beweis gefunden habe, ihn aber aus Platzgründen nicht zu den anderen Bemerkungen hinzufügte.

---

(1)   http://www.matheplanet.com/default3.html?call=article.php?sid=937&ref=http%3A%2F%2Fwww.google.de%2Fsearch%3Fsourc
e%3Dig%26hl%3Dde%26rlz%3D1G1ACAW_DEDE395%26q%3Dgeburtsdatum%2Bpierre%2Bde%2Bfermat%26aq%3Df
%26oq%3D

In dem o.g. Lehrwerk von Diophant wurde der Lehrsatz des Pythagoras untersucht. Pythagoras formulierte dabei folgende Vermutung:

„Ist ein rechtwinkliges Dreieck (siehe Abbildung 4) mit den beiden Katheten a, b und der Hypotenuse c gegeben, so besteht die Beziehung:

$$a^2 + b^2 = c^2.\text{“ (3)}$$

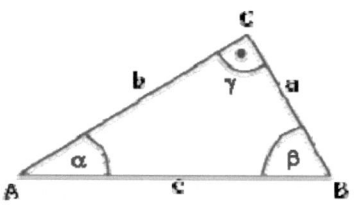

(4)

Abbildung 1: Rechtwinkliges Dreieck

In dem Werk von Diophant über die Zahlentheorie wird die Frage nach einer systematischen Konstruktion pythagoreischer Zahlentripel behandelt. Damit hängt die Frage zusammen, ob es endlich oder unendlich viele Zahlentripel gibt.

Doch was stand damals in der Arithmetica von Diophant?

In dem damaligen Werk fand man (unter Verwendung der heutigen Formelsprache) folgende Konstruktion:

„Man wähle zwei positive, natürliche Zahlen *m und n* derart, dass *m* größer als *n* ist; indem man:

$$a: = m^2 - n^2, \ b = 2mn, \ c = m^2 + n^2$$

setzt, erhält man nun ein pythagoreisches Zahlentripel, das man mit Hilfe der binomischen Formel leicht in folgender Form

$$a^2 + b^2 = (m^2 - n^2)^2 + (2mn)^2 = m^4 + 2m^2n^2 + n^4 = (m^2 + n^2)^2$$
$$= c^2$$

überprüft.“(5)

(2) Martin Aigner: „Alles Mathematik", 2. Auflage 2002, Seite 202

(3) http://www.didaktik.mathematik.uni-wuerzburg.de/projekt/wiki/index.php/Lernpfad_zum_rechtwinkligen_Dreieck

(4) Martin Aigner: „Alles Mathematik", 2. Auflage 2002, Seite 203

[5]

Bei dieser Konstruktion kann man die natürlichen Zahlen m und n beliebig wählen wenn die Bedingung m>n erfüllt ist. Somit findet man unendlich viele verschiedene pythagoreische Zahlentripel.

Als Fermat diese Passage in Diophants Werk studierte, stellte sich Fermat folgende Frage: „… wie viele Lösungstripel *(a,b,c)*, bestehend aus positiven, natürlichen Zahlen es denn gäbe, wenn in der Gleichung

$$a^2 + b^2 = c^2$$

der Exponent 2 durch den Exponenten $n \geq 3$ ersetzt wird." (6)

Nach seinen Untersuchungen kam er zu dem Schluss, dass es unter diesen Bedingungen gegensätzlich zum pythagoreischen Zahlentripel kein einziges Zahlentripel *(a,b,c)* gibt.

Diese Erkenntnis fasste Fermat, wie oben schon angeführt, in einer Randnotiz der Arithmetica zusammen:

„Cubum autem in duos cubos aut quadrato quadratum in duos quadrato quadratos et generaliter nullam in infinitum quadratum potestatem in duos eiusdem nominis fas est dividere. Cuius rei demonstrationem mirabilem sane detexi. Hanc marginis exiguitas non caperet."

Die deutsche Übersetzung dieser lateinischen Randnotiz lautet:

„Es ist unmöglich, eine dritte Potenz in die Summe zweier dritter Potenzen zu zerlegen, eine vierte Potenz in zwei vierte Potenzen, oder allgemein irgendeine Potenz größer als zwei in Potenzen gleichen Grades. Ich habe hierfür einen wahrhaft wunderbaren Beweis, doch ist der Rand hier zu schmal, um ihn zu fassen." (7)

Viele Mathematiker versuchten sich nach seinem Tode an dem Beweis der Vermutung, scheiterten aber über 350 Jahre lang.

Erst 1995 gelang es in Princeton dem Mathematiker Andrew Wiles die Lösung zu finden, allerdings mit Methoden, die Fermat im 17. Jahrhundert nicht zur Verfügung standen.

In meinem Artikel: „Der große Satz von Fermat- die Lösung eines 300 Jahre alten Problems" gehe ich genauer auf diesen Beweis ein.

(5)   Martin Aigner: „Alles Mathematik", 2. Auflage 2002, Seite 203

(6)   Martin Aigner: „Alles Mathematik", 2. Auflage 2002, Seite 203

(7)   http://www.mathematik.de/ger/information/forschungsprojekte/kramerfermat/kramerfermat.html

[6]

4. Quellen

Literatur:

- Martin Aigner und Eberhard Behrends: „Alles Mathematik", 2. Auflage 2002,
- Albrecht Beutelspacher und Marc- Alexander Tschiegner: „Diskrete Mathematik für Einsteiger", 1.Auflage 2002

Bildquellen:

- http://www.matemasuk.com/?p=718
- http://www.stud.uni-hannover.de/~fmodler/9.%20Woche_Mathematische%20Modellbildung%20und%20diskrete%20Mathematik.pdf